超好玩·有意思

化学真厉害

有趣的课堂

快乐学习
趣味童年

编绘⊙壹卡通动漫

U0323517

陕西出版传媒集团
陕西科学技术出版社

图书在版编目（ＣＩＰ）数据

化学真厉害 / 壹卡通动漫编绘. — 西安：陕西科
学技术出版社，2014.12
　（有趣的课堂）
　ISBN 978-7-5369-6347-4

Ⅰ．①化… Ⅱ．①壹… Ⅲ．①化学－青少年读物
Ⅳ．①06-49

中国版本图书馆 CIP 数据核字(2014)第 293138 号

策　划　　朱壮涌
出版人　　孙　玲

有趣的课堂·化学真厉害

出 版 者	陕西出版传媒集团　陕西科学技术出版社
	西安北大街 147 号　　　邮编 710003
	电话(029)87211894　　　传真(029)87218236
	http://www.snstp.com
发 行 者	陕西出版传媒集团　陕西科学技术出版社
	电话(029)87212206　87260001
印　　刷	陕西思维印务有限公司
规　　格	720mm×1000mm　16 开本
印　　张	8
字　　数	100 千字
版　　次	2014 年 12 月第 1 版
	2014 年 12 月第 1 次印刷
书　　号	ISBN 978-7-5369-6347-4
定　　价	19.80 元

推荐序

　　我们的学生时期基本上是在听老师讲课中度过的。在这些课中，既有我们喜爱的课程，也有我们觉得枯燥无聊的课程。其实，那些看似无聊的课程也有着超乎想象的魅力。现在，我们用孩子的眼光来重新认识这些出现在课本中的知识，将它们重新编排，以插图绘本的形式图文并茂地展现在孩子面前。

　　"有趣的课堂"系列丛书形象巧妙地将深奥枯燥的课堂知识展现在读者面前，语言直白生动，知识丰富有趣，包罗万象。从历史到地理，从数学到化学，语文、生物再到物理，通过对各类课堂知识深层次的挖掘，用讲故事、做实验的方式从知识点阐述科学原理，培养孩子们热爱知识、充满好奇心的学习兴趣，使孩子们在探寻课本中好玩有趣的知识后，深刻领悟人类文明的精髓！

本丛书用孩子们喜闻乐见的图文结合的阅读方式重现课堂风采，通过绘声绘色的讲解，增长其见识、丰富其知识，增强他们的文化修养，并把阅读上升到一种快乐的状态。

快跟着阿乐一同去有趣的课堂吧！

目录

第一章　　　混合物

会爆炸的瓶子　　　9

最初化学的发展　　13

什么是化学？　　　16

什么是混合物？　　17

过滤　　23

蒸馏　　24

第二章　　　化学实验仪器

试管和试管夹　29

酒精灯　31

我们来看玻璃棒　35

胶头滴管与滴瓶　36

量筒　39

托盘天平　41

滴定管　43

温度计　45

第三章　　　燃烧

什么是燃烧？　50

烧不断的棉线　53

什么是熔点？　54

燃料燃烧　59

玻璃棒的特性及作用　61

粉笔爆炸　63

不用电的电灯泡　67

第四章　　　氧气

水中有氧气吗？　　69

什么是氧气？　　74

臭氧　76

氧气的物理性质是什么？　　81

氧气的化学性质　　83

缺氧　85

氧气都有什么用途呢？　　87

第五章　　　二氧化碳

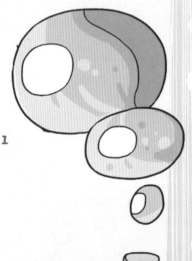

二氧化碳的历史　　89

二氧化碳的化学性质　　91

二氧化碳的用途　95

二氧化碳灭火器　97

二氧化碳的危害　103

第六章　　　　氢气

氢气爆炸　　　109

氢气的发现　　　111

氢气　　　118

氢气的主要性能　　　125

第一章
混合物

会爆炸的瓶子

小朋友，你们喜欢变色龙吗？阿乐可是非常喜欢的，因为它给我们生活添加了许多艳丽的色彩。

我不是变色龙，但我可以让各种玻璃管中的试剂随意改变颜色；我不是魔法师，但我可以把固体变为气体；我不是刘谦，但我一样可以请你见证奇迹的发生。我，就是化学！

会爆炸的瓶子，你一定会很吃惊吧！瓶子怎么可能无缘无故的爆炸呢？原来是里边的生石灰在作怪。到底是什么原因让石灰在瓶子里作怪呢？快来跟我一起来做个有趣好玩的小实验吧！

课堂小实验

准备材料：容积为300毫升左右的空瓶子、一袋体积约为15立方厘米的干燥剂(说明书上标明主要成分为生石灰)。

第一步：把一袋干燥剂轻轻地倒进瓶子里。

第二步：再向瓶子里面倒进约300毫升的温水，拧紧瓶盖。

第三步：拿着瓶子来回地摇晃，目的是让瓶子里的水和干燥剂接触，然后发生化学反应。

第四步：瓶子里的一大块生石灰慢慢地变成了

许多小碎块,瓶子稍微发热了。

第五步:摇晃将近一分钟的时候,停止晃动。

第六步:瓶子底部发热,瓶中的水开始向上不断溢出气泡,速度很快的。

第七步:十几秒过后,瓶子底部向外鼓了起来了,瓶子变成了圆柱形。

第八步:过了一会儿,瓶子底部突然炸开了,从瓶底喷出大量炽热的白液体。

第九步:瓶子迅速地飞起来。

在实验时,我们一定要细心观察它们的变化过程,实验物之间要保持一定的距离。因为在实验的过程中,生石灰(CaO)和水(H_2O)在发生化学反应的过程中会释放出大量的热量。当这些热量被慢慢地释放出来时,如果瓶盖没拧紧,瓶子中的白色混合物就会被热气慢慢地带出瓶子。接下来生石灰和水的反应会越来越快,这时候热量的释放速度也会加快,此时由于受到大量热力的侵袭,瓶子受热后会迅速变形,我们应该迅速远离实验物。

迅速膨胀的瓶子在承受不住里边的热气时,底部开裂,并在热气的带动下(就像放烟花,下边的气体催着它上升)飞向空中。当然此时也是我们这些

实验者最危险的时刻了,里边的大量白色混合物会向四外喷溅,一不小心我们就会中彩。

在实验的过程中,为什么瓶子会飞起来呢?下面就让我们来寻找答案吧!

在生石灰与水反应之后,生成了熟石灰,并且在发生化合反应的过程中会释放出大量的热量。

大量的热能被释放出来后,里边的水温会迅速上升,而伴随着水温度的升高,蒸发便开始了,大量的水蒸气在密闭的瓶子里将产生巨大的压力。而此时的瓶子在受热之后,也开始变形、膨胀,就像我们小时候常玩的气球一样,当我们不停地吹气,一旦它所承受的力过大,结果可想而知。瓶子也一样,当承受不住这些热气所带来的压力后就会爆开,当瓶子爆开的时候小小的洞口就成为了这些热气的宣泄

口，我们的小装置也就成了一个小号的火箭模型，大量的热气一下子从突破口出来，此时的瓶子就会在反作用力下被推进了空中。

不过此时应该要特别小心，因为热气把瓶子推入空中的过程中，许多的熟石灰也会被这些热气带的哪儿都是，一旦这些东西洒在我们皮肤上，要迅速用大量的清水冲洗，虽然有一定的腐蚀性，但短时间内是造不成什么伤害的，然后用毛巾蘸着食用醋进行擦拭即可。但是千万要记得，眼睛是人身上最脆弱的地方，一旦被弄进眼睛就会有危险，就要立刻去看医生，所以在实验的过程中要带上眼镜。

小朋友们知道为什么要用食醋进行擦拭么？

原来，氢氧化钙是碱性的，而醋是酸性的，酸碱在一块会发生中和反应，当酸和碱互相战斗的时候，它们各自的属性就被互相抵消了，就对人的皮肤的危害小了。

实验做完了，虽然好玩，但是也存在着一点点小危险，所以在做这些实验时一定要远离现场观察，带上眼镜和帽子，露在外边的皮肤越少越好。

最初化学的发展

化学是一个庞大的研究体系，它是先于人类出现而出现的。

宇宙是由物质形成的世界，而地球同样是由不同的物质混合在一块，内部不停地发生各种各样的化学反应；因而说我们人类是这些化学反应的产物也一点儿也不为过，人类身体是由40多种元素组成的，比如碳、氢、氧、钾、钠等等。

可以看到，化学一直都存在，只是我们的祖先，也就是古老的原始社会人类为了生存而奔波，智慧和文明还没有达到认识和理解这门科学的程度。比如在原始社会，不知道谁第一个发现了火，人们用它来烤熟食物、取暖以及恐吓大型猛兽等。

在火被人类掌握后，熟食成为了人的主要食物来源，这些被火烧制过的食物营养更容易被人们吸收，所以人的寿命开始普遍地增长。

之后人类又学会了制陶、冶炼、酿造与染色等等。经过了长时间的发展，这些技能被人们不断地掌握，并积累起来，这些东西，就是简单的化学雏形；随着人类文明的不断进步，经过长久的发展，就成了我们现在的一门专门学科，我们把它命名为化学。

在公元前4世纪的时候，有关阴阳五行学的说法，是中国人提出的，以为万物是由五种基本物质组合而成的，它们分别是金、木、水、火、土。那么所谓的五行是什么呢？那就是由阴阳二气相互作用而形成的。这种说法只是很简单的说法而已。解释"阴阳"这个概念，认为是二者的相互的作用，属于是一切自然现象发生了变化的根源。这种说法就是中国炼丹术的理论基础之一。

在公元前4世纪，希腊人也提出了火、风、土、水四元素说和古代原子论。随后，炼丹术在中国也出现了。特别是到了公元前2世纪的秦

14

汉时代,炼丹术开始流行起来了;大约在公元 7 世纪的时候,才传到阿拉伯国家,渐渐地形成阿拉伯炼金术;在中世纪的时候,阿拉伯炼金术开始传到了欧洲,欧洲炼金术就这样的形成了。后来就演化成现代的化学。

炼丹术是古代炼制丹药的一种传统技术,也是近代化学的开始。在不断的丹药炼制过程中,在炼丹炉中合成了金银,或者是用于修炼长生不老仙药,他们尝试着将把各类物质相互搭配,然后进行燃烧与冶炼。正因为这些,才研究出来了各类器皿,比如升华器与蒸馏器,还有研钵等,各种实验方法也创作出来了。比如研磨与混合,还有溶解与洁净,灼烧与熔融,升华与密封等。

同时,他们还研究了关于各种物质的性质,最主要的是相互反应的性能,为现代的化学打下了基础。许多器具与方法得以改进之后,用在现代的化学实验中。炼丹家在实验的时候制成了合金,同时又制造出来了化合物,还提纯了许多化合物,目前我们一直在用这些。

什么是化学？

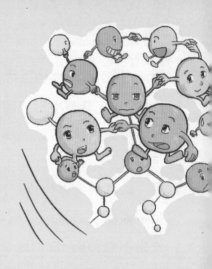

所谓的化学是在分子、原子层次上研究物质性质、组成、结构与变化规律的科学。

这个美丽的世界是由无数个小物质组成的，人类为使自己的生活更加美好，所以开始利用化学这门学问重新认识世界，利用自己所掌握的化学手段和资源通过改变物质的组成实现对美好生活的追求。

化学不仅自立一科，而且对于其他学科来说也是举足轻重的。比如帮助生物学来完成人类起源的分析，帮助物理来实现各种力量之间的转化，帮助天文学来探讨星球的形成等等。

所以了解和掌握化学知识，对我们的日常生活和以后的发展有着非常良好的作用。

什么是混合物？

　　混合物指的就是由两种或者两种以上物质进行混合所形成的物质。

　　混合物是没有化学式的，更没有固定组成与性质，混合物的各种成分的组成之间是没有发生过化学反应的，依然保持着各自独有的性质。在物理方法的作用下，能把混合物所含物质进行分离，之间没有经过任何的化学合成。

　　在生活中最好的例子就是空气，它是由氧气（O_2）、氮气（N_2）、稀有气体、二氧化碳（CO_2）及其他气体和多种杂质混合而成的；又比如含有各种有机物的石油(原油)、天然水、溶液、泥水、牛奶、合金、化石燃料（煤、天然气、石油）、海水、盐水等等。

　　混合物经常用的分离方法是过滤与蒸馏，还有分馏与萃取、重结晶等。

相对于混合物的是化合物，那什么又是化合物呢？

化合物就是由两种或两种以上的元素通过一系列的化学反应组成的一种新型的纯净物。

在组成新的物质时有一定的规律性，也就是说化合物不论来源如何都会有一定的组成。化合物在我们的生活中也随处可见，比如食盐、糖以及蒸馏水等。

在这个世界上有太多太多的化合物，但是我们会发现它们各有各的特色，各有各的性质。再深究一下，又是什么影响了它们的属性呢？食盐是由钠原子和氯原子组成；而糖则由碳、氢、氧三种原子相互化合产生的；而水则是由氢气和氧气反应生成的，在此证明了两种和两种以上的物质可以反应组成新的物质，组成之后的新物质和原来的物质性质是完全不同的。

化合物和混合物的区别

1.化合物组成元素不再保持单质状态时的性质；混合物没有固定的性质，各物质保持其原有性质(如没有固定的熔点和沸点)。

2.化合物组成元素必须用化学方法才可分离。

3.化合物组成通常恒定。混合物由不同种物质混合而成，没有一定的组成，不能用一种化学式表示。

4.化合物是纯净物，并可以用一种化学式表示，而混合物则不是，也没有化学式。

混合物的分类都有哪些?

有液体混合物、固体混合物、气体混合物等。其中液体混合物包括:浊液与溶液,还有胶体。

固体混合物包括:钢铁与铝合金等。

气体混合物包括:空气等。

我们更加注意的是,混合物还可以分为均匀混合物与非均匀混合物。比如空气、溶液等,它们算是均匀混合物。

那么非均匀混合物都有哪些?比如泥浆属于非均匀混合物。

油水混合

第一步:准备小玻璃瓶、清水、菜油、洗涤剂(或洗衣粉)等。

第二步:拿起准备好的清水倒进透明的小玻璃瓶里,倒半瓶为止。

第三步:把一些菜油倒进玻璃瓶里面。

第四步:此时,水面上漂着一些油,水与油分得很清楚了。

第五步:拿起玻璃瓶开始摇晃了,目的是让油与水进行混合,稍等一会。

第六步:我们发现油与水就分成了上下两层。

第七步:用一点洗涤剂(或洗衣粉),往小玻璃瓶里放一些,再摇晃瓶子。

第八步:我们可以看到油与水竟然是混合在一起了。

如此简单的小实验竟然这么有趣，你一定很想知道其中的缘由吧！

原来洗涤剂是一种表面活性剂，它里边含有亲水基和亲油基这两部分有机化合物。它可以把小小的油滴围起来的，之后把油滴分散在水中，它的作用就是"乳化作用"。

此时所形成的油水混合液就叫做是"乳油"。比如我们生活中所喝的牛奶，还有乳白色的鱼肝油等，都属于是乳油液。

洗衣粉可以把衣服上的油污顺利地去掉，洗涤剂可以把油泥冲洗得很干净，原因是它们和油与水的关系很密切，可以产生乳化作用。

什么是混合物的分离？

所谓混合物的分离，就是在生产与生活中通过物理的方法把混合物分离成我们所使用的单一的物质，这个过程就叫做分离。在我们的日常生活中见到的许许多多的物质，大部分都是混合物，如石油、粗盐以及许许多多的金属矿等等。即便是通过化学工艺生产出来的东西也会或多或少地存留一部分杂质，这也就又形成了新的混合物，要想得到最终的使用物品还是要用到分离手法。所以认识并掌握分离对于我们现在的日常生活尤为重要。

混合物的分离方法有哪些？

混合物常用的分离方法为过滤、结晶、重结晶、蒸馏和萃取等。

什么是结晶?

可溶性的粉末状物质，经过了溶解与过滤，还有蒸发溶剂,分离出来的晶体状态的物质,就叫做结晶。

结晶的种类都哪些?

结晶的种类为结晶与重结晶(或称再结晶),还有分步结晶等。

什么叫做溶剂的饱和度?

饱和度就是可溶性物质在溶液里所能溶解的最大量。但是在不同的温度下溶液所溶解的物质的数量是不相同的，所以在说溶剂的饱和度时一定要有温度这个前提条件。

为什么热糖水比冰糖水甜?

因为糖在热水中的饱和度比较高，也就是在一碗热水中放入一把糖能够全部溶化进水里喝起来当然就甜了；而在冷水中糖的饱和度低,放入的一把糖会有一部分不管你再怎么搅拌都不会溶化,溶入的糖少了,喝起来就没有热糖水甜了。此时的你看到后不妨沏一杯热糖水和一杯冷糖水喝喝看。

糖的溶解和结晶小实验

第一步：准备一个酒精台、酒精灯、烧杯、水、糖、搅棒等。

第二步：把放有水的烧杯放在灯架上，开始向烧杯里一边加糖一边搅拌，直到烧杯中的白糖不能再溶化为止。

第三步：点燃酒精灯给烧杯进行加热，并不断地对糖水进行搅拌，可以观看到这些糖重新开始慢慢溶化了。

第四步：当烧杯中的水温继续升高时继续加糖、搅拌，这时我们就可以观察这小小的一杯水到底能吃下多少白糖了。

第五步：直到烧杯水被烧开、加入的糖开始不再溶化为止，熄灭酒精灯。

第六步：细心观察烧杯在冷却的过程中糖的结晶物会不停地从糖水中析出来。在此过程中我们也可以拿一个小勺尝一下不同温度的糖水到底有多甜，千万要记得不要烫着自己才好。

过滤

所谓过滤，就是把不溶在液体里的固体物质，跟液体相互分离的一种方法。

过滤分为常压过滤与减压过滤，还有热过滤等。

过滤小实验

第一步：准备一个烧杯、泥土、水、纸张、漏斗等。

第二步：把泥土和水进行搅拌变成浑浊的泥水，然后把纸张剪成圆形，作为简单的过滤纸放在漏斗里边，再拿一个小烧杯放在漏斗下边。

第三步：小心地把浑浊的泥水倒入漏斗，开始细心观察，通过基层滤纸后的泥水滴入下边的烧杯。此时我们就会看到原本浑浊的泥水在进入下边的烧杯时已经变得清澈了许多。

这个小实验是通过物质分子之间的空隙进行过滤的，这张纸就像是一张大鱼网，而水和泥土就像是不同大小的鱼，因为水分子这条小鱼的体积小，所以就顺利地逃入了小烧杯，而大分子的泥土就被纸张挡在了上边。很好玩儿的小实验，小朋友赶快动起手来一起做吧！

蒸馏

在化学实验中,经常用到的技术就是蒸馏操作,它都应用在哪几个方面呢?

第一是可以用在分离液体混合物方面。针对混合物中各物质的不同溶点和沸点加以利用,就能完成分离。

第二是用来测定纯化合物的沸点。

第三是提纯。利用蒸馏的方法,把需要使用的物质中的杂质分离出来,以此来达到提高物质纯度的目的。

第四是用在回收溶剂方面,或者是把一部分的溶剂蒸出来,目的是浓缩溶液。

第五是用在加工原料上。

蒸馏是怎么被发现的呢？

在古希腊的时候,人们在蒸馏的作用下,会让水变成了蒸汽,把它变成了液体的形状,然后会让海水变成我们可以饮用的水。那个时候人们已发现了蒸馏的原理。古埃及人很聪明的,就是用蒸馏术来制造香料的。

一个关于蒸馏的小故事

在一个沿海的小镇，每家都供奉着一个类似于火锅的炊具。原来，这些靠打鱼为生的渔民在茫茫的大海上遇到最大的问题就是淡水，为了节省每一滴在航海过程中的淡水，这种形状古怪的炊具被发明了出来。渔民们把大米直接放在类似于旧式火锅炊具的上边，中间则加入不能被人们饮用的海水，当下边点燃火时，中间洞里海水中的淡水就被蒸发出来变成水蒸气，然后遇到温度低的锅盖就会冷却下来，顺着锅沿流入大米上，就这样通过简单的蒸馏方法节省了大量的淡水资源，给这些渔民的生命安全带来了很大的保障，所以这个简单的炊具成了他们的供奉。

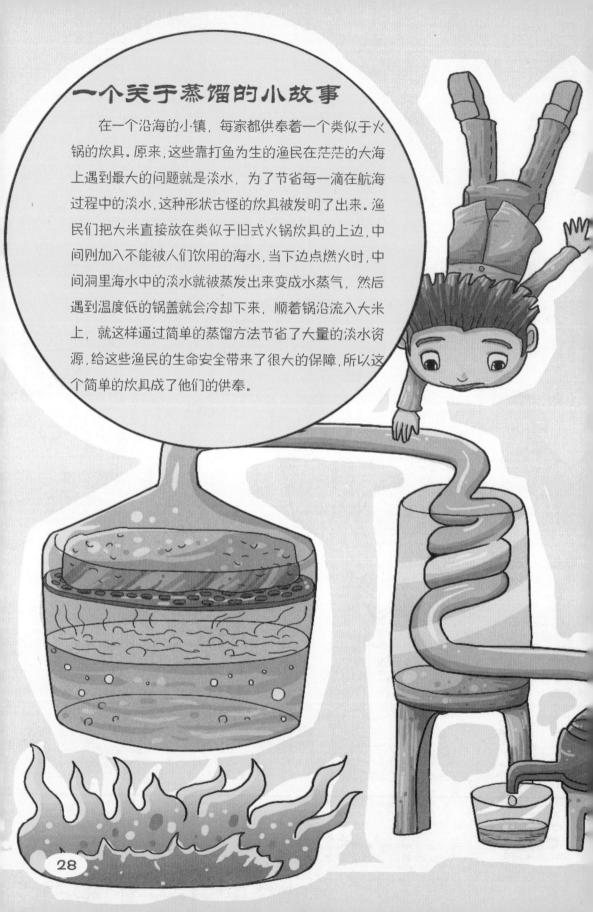

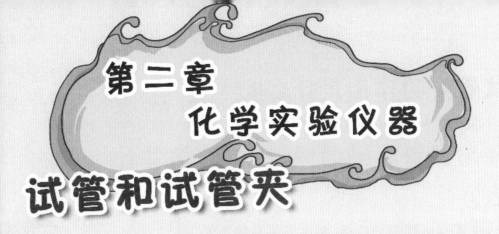

第二章 化学实验仪器

试管和试管夹

阿乐进行完化学实验后,在清洗试管的时候发现试管裂开了,小朋友,你们知道这是为什么?

试管的用途是什么?

第一,盛放少量固体或液体。

第二,在实验过程中液体和固体的反应容器。

使用试管的时候需要注意什么呢?

1.在试管进行直接加热的时候,外壁千万不能有水的。

2.在往试管里面装液体的时候,水是不能超过试管容量的1/2,在加热的情况下,不能超过试管容量的1/3。

3.需要进行加热液体的时候,试管应该与水平面成 45°,管口千万不要对着人。

4.在加热的时候,首先要对试管均匀加热,然后才能对有物质的部位专门加热。

5.加热之后的试管是不可以骤冷降温的,目的是防止试管爆炸或者是裂开。

6. 在对固体进行加热的时候,管口的方向是应该往下倾斜的。

试管夹的作用是什么？

它的作用就是用来夹持试管的。

使用试管夹的时候，应该注意些什么？

1.使用试管夹的时候，从试管下面往上套；如果是取试管的话，从试管下面取出来，应该夹在试管口的中上部为好。

2.使用的时候，避免烧损与腐蚀。

3.避免用力捏夹的时候试管脱落。

酒精灯

以酒精为燃料，进行加热的一种工具，它就是酒精灯，是用在实验加热时的一种工具。

酒精灯的组成都哪些？

酒精灯是由酒精、灯体、灯芯、灯帽组成的。

酒精

作为酒精灯的重要组成部分，我们在选择和使用酒精的时候也应当多多注意。一般我们在做实验时应选用纯度比较高的医用酒精，因为这些东西是通过工业的方法制作出来了，和我们通过粮食发酵出来的酒精不同，如果摄入会导致眼睛失明的危险。这些挥发性很强的液体，在保存的时候一定要密封好，否则就会白白丢失了许多。

酒精灯的加热温度是多少？

它加热的温度一般是在 400~500℃，在没有煤气设备的时候，常常用酒精灯作为实验的最佳工具。

酒精灯的火焰分几部分？

在一般情况下，酒精灯火焰分为三部分，分别是焰心与内焰，还有外焰三部分。

目前，根据研究得到酒精灯火焰温度的高低顺序是：外焰＞内焰＞焰心。

温度最高的是酒精灯的外面的火焰，主要原因是酒精在外焰燃烧的时候，蒸汽很充分的。另外外焰与外界大气的接触情况下，在自由的空间里燃烧时会散失很多的热量，所以导致外焰的温度比内焰高。

要想让灯焰平稳,可以加个金属网罩,然后再把温度提高。可以利用废弃的铁窗纱来进行制作金属网罩。

怎么样使用酒精灯?

1.首先把新买的酒精灯配置一个灯芯。棉纱线拧在一起组成灯芯,然后插进灯芯瓷套管中。灯芯最好长一点, 在浸入酒精之后, 再长出4~5厘米。

2.长时间没有用的旧灯, 轻轻地取下灯帽之后, 首先要把灯芯提起,再套管,再用嘴轻轻吹一下灯的里面,或者用洗耳球等。目的是把聚集的酒精蒸汽吹走。然后把套管放下,对灯芯进行检查。此时我们应该看看是否有灯芯不齐,或者是烧焦的情况, 应该用剪刀修整一下,与平头一样长。

3. 酒精灯的灯壶里面的酒精, 比容积的1/2 还少的时候,就要添一些酒精了。但不能装得太多了, 不能超过灯壶容积的2/3 为好。假如酒精量少的话,灯壶里面的酒精蒸气就会多,容易引起爆燃;酒精量太多的话,就容易受热而膨胀,那么酒精就会溢出来,造成事故的发生。在添加酒精的时候,要准备一个小漏斗, 目的是怕酒精洒了出来。正在燃烧的酒精灯需要添加酒精的时候,首先要把火焰熄灭。千万不能在酒精灯燃着的时候

加酒精,那样容易出现着火的现象。

　　4.新灯加完酒精了以后,要把新灯芯轻轻地放进酒精中,进行浸泡,每端灯芯都必须浸透,需要移动灯芯套管,再调好它的长度,在这样的情况下才能点燃。灯芯没有浸入过酒精的话,很容易烧焦的。

　　5.在点燃酒精灯的时候,要用燃着的火柴,不要用燃着的酒精灯去对火,原因是怕酒精灯里面的酒精被洒出,会出现火灾。也就是说,千万不能用一盏酒精灯和另一盏酒精灯对着点火。

　　6.在加热的时候,如果要加热器具的话,要用温度最高的外焰来

加热。需要加热的器具与灯焰之间的距离适当;需要加热的器具,应该放在支撑物(三脚架与铁环等)上,或者用坩埚钳与试管夹进行夹持,千万不能用手去拿仪器进行加热,不然的话,会对手造成严重的伤害。

7.如果是加热完了之后,需要添加酒精的时候,此时,要用灯帽把火焰给盖灭。假如是玻璃灯帽的话,盖灭以后,再盖一次,目的是把酒精的蒸汽给放走了,再让空气进来。这样做是预防冷却之后,盖里面会造成负压的情况,盖就打不开了。假如是塑料灯帽的话,盖一次就行了。原因是塑料灯帽的密封不是很好。千万不能用嘴去吹。

8.不使用酒精灯的时候,就要盖上灯帽。假如长时间不用的话,把酒精灯里面的酒精给倒出来,这样就可以避免酒精挥发。与此同时,把小纸条夹在灯帽和灯颈之间,目的是怕粘住或者连住了。因为酒精是很容易燃烧或者发的,在使用酒精灯的时候,安全是最重要的,如果洒出的酒精在灯的外面烧,此时我们应该用湿抹布扑灭火,或者是用砂土来扑灭火为好。

我们来看玻璃棒

玻璃棒的作用是什么？

它的作用是用来搅拌的，还有在过滤的时候，进行引流的。它还可以对少量固体与液体进行蘸取。

使用玻璃棒的时候我们应该注意什么？

1.首先在使用玻璃棒的时候，要把玻璃棒清洁干净，在使用完玻璃棒或者要对另一种不同的物质溶液搅拌时也要进行清洁。之后才能进行储存或者进行下一个实验，只有这样才不会让上边的残留物影响下一个实验。

2.当液体需要搅拌的时候，用右手拿着棒，轻轻地去转动手腕，让玻璃棒在容器里面慢慢地绕着圈儿去转动，以均匀的速度就行了。千万不要让玻璃棒去碰容器，避免容器被打破，或者是容器被损坏等。

3.如果利用玻璃棒转移液体，我们应该把玻璃棒与盛放液体的容器口贴紧，棒的下端的位置应该是放在接收容器的内壁上面，这样的话，可以使液体沿着玻璃棒慢慢地流出来，起到很好的引流作用。

胶头滴管
与滴瓶

胶头滴管的作用是什么?

胶头滴管的作用是用来吸取滴液进行转移容器或者在实验过程中进行实验的添加等。

滴瓶的作用就是用来盛放一些液体的容器。

使用胶头滴管时,我们应该注意什么?

1.在使用胶头滴管的时候,首先要掌握好拿捏的方法,要用中指与无名指夹住玻璃管的中上部,要保持稳定,然后用拇指与食指对胶头进行挤压,目的是用来控制试剂的吸入或者量的滴加。

2.用胶头滴管加液体的时候,不要把滴管伸进容器里面,也不要去接触容器。

3.使用完胶头滴管,千万不能把它随意放在某一个地方,更不能把它平着放在桌面上,我们应该把它插进干净的瓶子里面或者试管里面。

4.用完胶头滴管之后,用水把它给洗净。洗净之后才可以吸取另一种试剂。

5.胶帽和玻璃滴管之间不能漏气,对于老化的胶帽,我们应该马上换掉。

6.在使用胶头滴管的时候一定要注意,所吸取的滴液尽量保持在滴管的 2/3 处以下。因为许多的化学试剂都有很大的腐蚀作用,如果滴液吸取的多了,一旦跑到橡胶帽里会把橡胶帽腐蚀,会对器材产生破坏;再碰见腐蚀性超强的,瞬间把橡胶帽腐蚀坏的话就有可能对实验者的人身安全造成危害,所以千万要注意。

铁架台的作用是什么？

1.铁架台就是专门固定与支持各种各样的仪器的支架。

2. 铁架台的另外一个作用就是上铁圈用来放置漏斗,是进行过滤的。

3. 铁架台还有一个常用到的作用是对物体进行加热,这样就可以大大地节省人力,一个人就能专门负责记录实验结果。

使用铁架台的时候,我们应该注意什么?

1.在对螺丝进行旋动的时候,不要用力太猛,防止仪器被夹破了;但是也不要用力过小,防止在做实验的过程中铁架台上的物体脱落,对器材和人体造成伤害。所以在做实验之前一定要认真听取老师的各种要求,在自己开始实验前进行一次仔细的检查,才可以开始进行实验。

2.对于外径较小的容器,需要铁架进行固定的时候,我们就在铁夹的两边轻轻套上胶管,或者套上布条,目的是把铁夹的口径缩小。

3.如果仪器需要在铁架台上进行固定,一定要让仪器与铁架台的底座放在同一边,这样做是为了避免整个装置的重心超出底座,预防铁架台翻倒。

烧杯的作用是什么？

烧杯的主要作用就是用来配制溶液,还可以用作大量试剂的反应容器。

使用烧杯的时候,我们应该注意些什么？

1. 在使用烧杯的时候，特别是给烧杯加热的时候,要在烧杯的下面垫上石棉网,以防止烧杯受热不均出现炸裂的情况。

2.在使用烧杯对液体进行加热的时候,倒进液体的量不能超过容积的1/3 为好，这样是为了防止在液体沸腾的时候液体溢出外面了。

3.如果需要加热的时候,一定要擦干烧杯外壁的水珠和脏污。

4.对腐蚀性药品进行加热的时候,我们把表面皿的盖再盖在烧杯的口上,以预防液体溅出。

5.不应把化学药品长时间地放在烧杯里。

你知道集气瓶的作用吗？

1.集气瓶的作用就是收集气体,或者是把气体贮存起来。

2.另外是对有关气体进行化学反应的。

3.还可以做洗气瓶。

使用集气瓶的时候应该注意什么？

1.在使用集气瓶的时候,不可以对它进行加热。

2.假如一些物质在集气瓶中燃烧,一定要在瓶底铺一些细沙,或者是水也可以的,这样做是为了预防爆炸。

量筒

如何把液体注入量筒里面？

向量筒里注入液体的时候,左手拿起量筒,让量筒向一边稍微倾斜一点,再用右手拿着试剂瓶子,要让试剂瓶的瓶口紧紧地挨着量筒的口,然后让液体流进里面。等进去的量快到所需要的量的时候,再把量筒轻轻地平放,拿胶头滴管滴加,达到自己所需要的量为止。

在使用量筒的时候，它的刻度应该向哪边？

量筒刻度是总容积的1／10,它根本就没有"0"的刻度的。刻度应该是对着人方便。

把液体取出来之后，怎么读出液体的体积数？

当液体取出来之后,要把量筒轻轻地放在很平的桌面上面,1～2分钟过后,等附在内壁上的液体悄悄地流下来之后,再去读出刻度的值。视线要与量筒里面的液体的凹液的面的最低处保持平衡。此时就可以读出液体的体积数。不然的话,读数不是高就是低。

什么时候的溶液不能被测量？

因为受到量筒制作材料的限制, 被量取的溶液温度不能超过20℃。如果溶液的温度超过了 20℃,那么量筒本身就会受到热胀冷缩的作用开始膨胀,那样量取溶液的实际体积就会不准确,影响接下来的实验。

正因为这一特性,量筒在实验器材中也是不能被直接加热的,对于过热的液体也不能用来进行测量,更不能在量筒中进行化学反应以及配置溶液等。

测量和使用同一种溶液进行实验时，每次过后要对量筒清洗吗？

在量取同一种溶液时就不要重复清洗，那样的话残留在筒壁上的水分反而会稀释掉溶液的纯度。在实验的过程中从量筒倒出溶液时也不用担心留在量筒壁的溶液会影响实验时的实际读数，因为量筒在被制造出来的时候，制造商已经同样想到了它们的弊端，所以在制造的过程中已经为筒壁的残留预留了刻度。

在量取不同的溶液时为了防止接下来的溶液不被污染，在量取前一定要进行清洗。可以看到量筒在实验的过程中都会受到环境、溶液的黏稠程度的影响，所以要进行非常精确的实验就不能用量筒了，它也就是在要求不高的实验时才会被使用到。

读数小常识

在读取量筒中溶液的容量数时一定要和液面平视，因为量筒是圆的并且有一定的厚度，所以如果以居高临下的俯视角度读数会造成实际数值偏小的结果，而仰视的时候又会使得读出的实际数值偏大，所以平视才能保证我们在实验中的正确用量。

托盘天平

　　托盘天平的另外几个名字是受皿天平、药物天平,还有架盘天平。

　　托盘天平有一个横梁,在它的两边的刀口上面,各放着一个托盘支架与托盘,在托盘支架的下面,还连接着一根竖杆。在竖杆的下面还连接着一根连接杆,在这根连接杆的中点,绕着横梁刀口正下方是个活动点,可以进行(转动轴)转动。横梁与竖杆,还有连接杆会组成一平行四边形。这样的话,不管横梁在什么位置上,托盘支架的竖杆的方向都会保持竖直的,使天平上的托盘永远保持平衡。

使用天平的注意事项

　　在使用天平时,对于砝码要用专门的砝码夹子进行夹取,不能够用手直接拿。因为人的手会出汗,而金属砝码长时间的和含盐分的水接触会被腐蚀。这样的话砝码的实际重量就会有所偏差,称取的实验物的实际质量就会错误。在称取物品时,选用砝码的顺序是从大到小·选择。

坩埚是由什么制成的?

坩埚一般是用耐火耐高温的材料,比如黏土与石墨,还有瓷土与石英等制成的。

坩埚有什么用途?

坩埚是专门装固体的容器,它是像碗的形状一样的容器,它是用来熔化金属或者盛放其他物质的器皿。

坩埚的作用是对固体物质的灼烧,对溶液的蒸发,或者是浓缩与结晶。

正因为它耐高温,常被用在化学实验中做加热所用。

使用坩埚的时候需要注意些什么?

如果需要对固体进行加热时,坩埚就刚好能派上用场了,原因就是它超级耐高温的特性。在使用坩埚加热以前,也和其他加热的器皿一样,是要先预热的,使其受热均匀之后才能局部加热。而在加热的过程中,坩埚的盖子一般是斜着放在坩埚上面,防止受热的物体突然跳出来,同时,也可以让空气很方便地进入,来进行氧化反应。坩埚的底部一般都很小,加热的时候,要架在三角架上,坩埚可以正着或斜着放在三角架子上。假如使用完了坩埚,不可以马上把它放在金属桌面上,以预防破裂。同时也不能放在木质的桌面上,防止烫伤桌面而引起火灾。最好是把它放在泥三角架上进行冷却,或者是在桌面上铺一层石棉网,然后才能把热的坩埚放到上边进行冷却。

如果是进行蒸发在快要干的时候,可以熄灭加热的火焰,用余热来蒸干就行了。

滴定管

滴定管

　　滴定管是化学实验中容量分析的基本仪器之一。长相为一个细长的精密的玻璃量器。它和量筒的作用大致相同,但是滴定管这种量出式量器比量筒要精密得多,通过上边的精准刻度,可以很准确地读出溶液的数值。

　　根据滴定管作用的不同可以分为两类,一类是无塞的滴定管,另一类则是有塞的滴定管。根据它们所盛放的溶液性质也可以分为酸式滴定管和碱式滴定管。

滴定管的保养

　　1.为了保证滴定管数值的准确性,滴定管不能靠近热源,因为不管是玻璃制作的滴定管或者是塑料制作的滴定管在受热的时候都会因为热胀冷缩而变形, 所以在实验和保存的时候尽量在标准的温度

条件下使用(也就是正常的室温)。

　　2.在清洗滴定管内壁的时候不能用较硬的毛刷刷内壁,防止内壁因为在清洗的过程中破损而影响测量值的准确性。

　　3.在使用铬酸洗液清洗无塞滴定管的时候,应该先把玻璃珠调至橡胶管的最上端,以免强氧化性的洗液腐蚀橡胶。

分液漏斗

　　分液漏斗是在实验室中分离两种不同密度液体的玻璃装置,形状是一个倒梨形,上下开口,上边的开口比较大,可以用玻璃塞进行密封,下方经过一个阀门,从玻璃管导出液体。

　　使用的时候,第一步,先关闭下边阀门;第二步,倒入要分离的溶液;第三步,把分液漏斗固定在制作架的铁圈上;第四步,打开阀门开始分流,密度大的溶液会被分离出来;第五步,当密度大的溶液即将分离完的时候立刻关闭阀门。整个实验就结束了。分液漏斗在做分离油水的实验中非常的好用。

温度计

温度计是用来测量温度的仪器总称,可以通过此仪器判断和测量温度。

温度计分为煤油温度计、酒精温度计、电阻温度计、温差电偶温度计、辐射温度计、光测温度计,还有水银温度计以及气体温度计等。

温度计的工作原理

根据使用作用的不同,科学家研究出了不同性质的温度计。其设计的依据是通过固体、液体、气体等受到温度的影响会出现热胀冷缩的现象。在定容条件下气体的压强因为不同的温度而会产生变化;而热电效应、电阻、热辐射等都会受到温度的影响,人们就是根据它们这样的习性制造了温度计。

温度计的发明与改进

在很早的时候,也就是在 1593 年,意大利的一位科学家,他叫伽利略(1564～1642),是他发明的温度计。

一头敞开着口的玻璃管,另一头是有个像核桃一样大的玻璃泡。这就是第一支温度计。

在使用温度计的时候,首先是给玻璃泡进行加热,再把玻璃管插进水里面。在温度的变化下,玻璃管里面的水面会出现上下移动的现象,此时,可以根据移动的多少,知道温度的高低。

温度计是有热胀冷缩的功能的。当温度计受到外面的大气压强等环境因素的影

响时,测量的误差就会大了。

在 1659 年的时候,一名法国人布利奥制造的温度计,缩小了玻璃泡的体积,又把测温的物质改造成了水银。

后来,来自荷兰的华伦海特,在 1709 年利用酒精制造了温度计;在 1714 年的时候,他又利用水银对物质进行测量,更精确的温度计又被制造出来了。经过很多的实验,他观测到水的沸腾温度与水和冰混合时的温度,还有盐水与冰混合时的温度等。

与此同时,法国的另一位科学家列缪尔(1683～1757),也制造了一种酒精温度计。他经过多次的实验发现,含有 1/5 水的酒精,在结冰时候的温度与沸腾时候的温度之间,它的体积的膨胀是从 1000 个体积单位,然后增大到 1080 个体积单位。所以他就把冰点与沸点之间进行了划分,刚好分成了 80 份,算是属于自己温度计的温度分度,那么这个温度计就是列氏温度计。

后来又经过了 30 多年,瑞典的摄尔修斯,在 1742 年的时候,对华伦海特温度计的刻度进行了改进,他开始把水的沸点规定为 0 度,然后把水的冰点规定为 100 度。之后,他的一位同事施勒默尔,把两个温度点的数值倒过来了,就是现在的百分温度,也就是摄氏温度,是用℃来表示的。

温度计的分类都哪些？

1.气体温度计：一般用氢气与氦气,对物质的温度进行测量。原因是氢气与氦气的液化温度是相当低的,它的测温的范围是很广的。这种温度计测量出来的温度精确度是很高的,一般情况下都用在精密测量方面。

2.电阻温度计：它可以分为金属电阻温度计与半导体电阻温度计,都是根据电阻值随温度的变化这一特性制成的。

3.高温温度计：就是专门测量 500℃ 以上的温度的温度计。

4.玻璃管温度计：是利用热胀冷缩的原理,进行温度的测量的。

5.压力式温度计：是利用封闭容器内的液体、气体或饱和蒸汽受热后产生体积膨胀或压力变化作为测试信号。它的基本结构是由温包、毛细管和指示表三部分组成。

在现实生活中,我们见到的温度计有煤油温度计与水银温度计。

它的制作非常简单,使用起来的话也很方便的,测量的精度也是很高的,价格却不是很高。

压力式温度计的优点是：结构简单，机械强度高，不怕震动。价格低廉，不需要外部能源。

它的缺点是测量的时候很受限制，不可以向远处传递，并且很容易碎掉。

使用温度计的时候，应该注意什么？

1.选择适合测量范围的温度计，严禁超量程使用。

2.测液体温度时，温度计的液泡应完全浸入液体中，但不得接触容器壁，测蒸汽温度时液泡应在液面以上，测蒸馏馏分温度时，液泡应略低于蒸馏烧瓶支管。

3.在读数时，视线应与液柱弯月面最高点（水银温度计）或最低点（酒精温度计）水平。

4.禁止用温度计代替玻璃棒用于搅拌。用完后应擦拭干净，装入纸套内，远离热源存放。

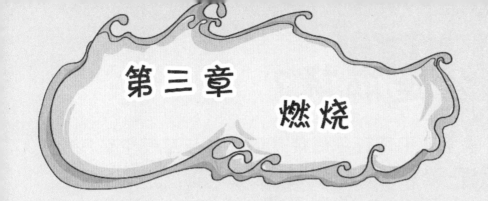

第三章
燃烧

我们喜欢吃的糖会燃烧，是不是让人难以置信呀！那就跟随阿乐做个有趣的实验来证明吧。

第一步：准备的材料是铁皮、糖、火柴、烟灰等。

第二步：把糖轻轻撒在铁皮盖子上面。

第三步：用火柴进行点燃，一次点不燃，就多试几次。（结果是再怎么实验都是不能够被点燃的）

第五步：把准备好的烟灰均匀地撒在这些糖上面。

第六步：然后对撒上烟灰的糖进行燃烧实验，此时就会发现这些混有烟灰的糖被点燃了，开始发出了蓝色的火焰。

此时的我们是不是很好奇为什么刚开始不能点燃的糖，在加入烟灰后就能被点燃呢？单独的烟灰也是不能被点燃的，因为它是燃烧后的产物，难道我们会玩魔法？其实原因是在烟灰上边，在糖的燃烧实验中烟灰充当着催化剂的作用。就像蜡烛，如果没有灯芯的话是永远点不着的，而加入灯芯，这些蜡就会被点燃消耗掉了。

什么是燃烧？

通常我们所说的燃烧是可燃物与空气中氧气所发生的一种伴随着发光、发热的氧化反应。

燃烧不单单只有氧气的参与才能进行，特殊的燃烧物和特殊的物质之间也可以发生化学反应，如氢气在氯气中也能够直接反应，所以广义的燃烧就是只要在剧烈的化学反应中伴随着发光、发热我们都称为燃烧。

在燃烧的时候，去除所产生的高温（常为 $600\sim3000℃$）与光辐射之外，还会产生自由基与原子，还有电子与离子。

燃烧不仅仅是化学反应，与此同时它还存在着流动与传热、传质等物理现象。

燃烧的种类

燃烧分为闪燃、着火和自燃。

闪燃：闪燃就是一些易燃物或易燃液体会发出的气体在遇到空气中的明火时迅速燃烧的现象。比如面粉厂和加油站都会有禁止明火的标示，就是因为面粉厂中有大量的漂浮物，而加油站则有许多挥发出来的可燃性气体，一旦这些东西遇明火就会发生剧烈燃烧，很可能产生大爆炸。

着火：着火就是在可燃物受到外界火源的点燃后持续燃烧的现象。比如家里用的煤炉，一旦点燃就开始不间断地燃烧。

自燃：一般情况下可自发性的燃烧，没有经过外力的干预，通过可燃物自己与空气中的氧气进行缓慢氧化反应，当热量如果达到自己的着火点时就被点燃，这样的过程和现象就叫做自燃。比如各大煤矿的外边会有许许多多小山一样的煤堆，每天都会对其浇入大量的水，就是为了防止它们的氧化反应最终导致的火灾。而

在我们的日常生活中也会随处看到,比如堆起的麦子里边会起热,梅雨季节的衣服长时间不动的话里边也会起热等等。

52

烧不断的棉线

你听说过用火去烧棉线而棉线竟然不会烧断吗?不会吧?下面我们和阿乐一起来做个小实验就知道了。

第一步:准备一杯热水、食盐、一根20~30厘米的棉线、回形针、火柴、铁丝。

第二步:把食盐撒在一杯热水里面,然后不断往里面加食盐,不停地搅拌,一直到食盐不溶解的时候,再停止。

第三步:拿起棉线,在棉线的一头穿上一个回形针。

第四步:把棉线轻轻地浸在浓盐水里面几分钟。

第五步:然后把棉线取出来,再晾干。

第六步:再把已经晾干的棉线第二次放进浓盐水里面。

第七步:再取出来进行晾干,这样来回的重复好几次。

第八步:拿起这个特制的棉线,再把穿有回形针的那头挂在铁丝上面另一头悬下。

第九步:拿着燃着的火柴轻轻地点棉线的下边,我们会看到火焰开始向上燃烧了。

第十步:等燃到了铁丝之后,就熄灭了。

第十一步:我们看到的棉线的颜色变成焦黑,但是棉线却没有断,回形针依然挂在那里。

其实这些都是因为特制的棉线中,有着食盐的晶体,把它点燃了以后,即使棉线的纤维被烧掉了,熔点有着800℃的食盐根本不会受到任何的影响,却保持棉线原来的形状了。

什么是熔点？

熔点就是物质在一定的压力下由固态转向液态的平衡温度，也就是说在该压力下的熔化温度。在熔化过程中不伴随任何的化学反应，也就是物体在由固体变成液体后它的化学性质没有发生任何的变化。

影响物质熔点的主要因素是大气的压强，而另一个则是杂质。大部分的物质都会含有杂质，比如大海中因为含有大量的杂质，大多数为盐，所以它的熔点就变低了，所以海中的水比河中的水结冰要早。而饱和的食盐水的熔点在标准气压下可低至 $-22℃$，所以在大雪纷飞的冬季，各个城市街道都会通过大量的挥撒粗盐来加速冰雪的融化。

你知道什么是点燃吗？

利用火花、电弧或者是炽热的物体等可以使另外的物质进行燃烧，而这样的过程就叫做点燃。

什么是着火点？

着火点又叫做燃点，空间中存在着许许多多的物质，其中大多数是可燃物，包括可燃的气体、液体以及固体。在正常的情况下它们都能够和平地共存，不会发生问题，一旦达到各个物体特定的温度它们就会开始燃烧，这个点就是我们所说的燃点。

因为不同的物质属性上有很大的差别，所以着火点也各不相同。比如纸张的着火点要远远低于金属，所以一张纸很容易被点燃；而金属则需要很高的点燃温度，而许多金属还需要在特定的环境下才能被点燃。

什么是火焰?

所谓火焰就是可燃物和空气的混合物迅速发生反应时伴随着发热的一种燃烧现象。

火焰的分层:

1.内层(焰心),因供氧不足,燃烧不完全,温度最低,有还原作用。称焰心或还原焰。

2.中层(内焰),明亮。温度比内层高。称内焰。

3.外层(外焰),因供氧充足,燃烧完全,温度最高,有氧化作用。称外焰或氧化焰。

火焰还可分成哪几种?

火焰分为两种,一种是层流火焰,另外一种火焰是湍流火焰。

层流火焰的厚度是很薄(常压下几毫米),它的边沿发出的光很鲜明的。

湍流的火焰与层流火焰相比的话,会有点短,也很厚的。边沿发出的光看起来是很模糊的,还有噪声的存在。

虽然火很厉害,但是大家都知道水火不相容的,今天阿乐告诉小朋友,水火是可以在一起。不信的话,我们就来做个小实验好了。

水火相容

第一步:准备玻璃杯、水、十几颗氯酸钾晶体、镊子、几小粒黄磷、浓硫酸、玻璃移液管等。

第二步:倒进玻璃杯中半杯水

第二步:把准备好的氯酸钾晶体,轻轻地放到水底下。

第三步:拿起镊子去夹取几小粒黄磷,然后放进氯酸钾晶体中。

第四步:用玻璃移液管轻轻去吸取一些浓硫酸。

第五步:再注到氯酸钾和黄磷的混合物中。

第六步:此时我们看到在水中就会有火光在闪烁。

通过这个小实验,大家知道了水火相容了吧! 是不是感觉很有趣?

平时我们点燃蜡烛的话，都需要用火柴或者是打火机，可是现在阿乐不用火柴与打火机就能把蜡烛给点燃了。猜猜是什么办法呢？跟阿乐一起来做小实验吧！

无火点灯小实验

第一步：准备蜡烛、蜡烛芯、含白磷的二硫化碳溶液等。

第二步：把准备好的蜡烛芯轻轻地松散开。

第二步：然后给蜡烛芯里面滴进一些含有白磷的二硫化碳溶液。

第三步：二硫化碳液体是属于很容易挥发的物质，吹一口长气的话，它的挥发速度会加速。

第四步：等到二硫化碳挥发完了之后，在蜡烛芯的上面留下了很细小的白磷颗粒。

第五步：白磷和空气中的氧气发生氧化反应之后，就会产生一些热量。

第六步：假如是温度升高到了35℃的时候，白磷就会自动地燃烧起来了。

然后就把之前熄灭的烛芯，悄悄地吸引出来了。这时蜡烛芯就会燃烧了。

燃料燃烧

固体燃料燃烧

在现实中,最常见的燃料是固体燃料。我们首先想起的就是煤。

但是你知道固体的燃烧主要分哪几种吗?

固体的燃烧形式一般有下列几种:

蒸发式燃烧、表面式燃烧、分解式燃烧、熏烟式燃烧、轰然、异相和同相式燃烧。

各种燃烧小常识

1.蒸发式燃烧,通过火源加热固体融化和蒸发,然后开始着火燃烧,比如硫化、石蜡、松香等;还有像樟脑这种接触火源后就开始升华成气体,然后由气体开始着火。

2.表面燃烧就是可燃物被点燃后,表面的物质直接和接触的氧气发生氧化反应,比如木炭、铁、铜等这些物质的燃烧。

3.分解燃烧,火源在加热可燃固体后,这些固体迅速分解然后着火燃烧,比如木材、煤炭等。

4.熏烟式燃烧,可燃物在堆积的情况或者是在氧气供应不足的情况下发生的只冒烟而不着火的燃烧现象。比如堆积的锯末、高纤维的面纱等等。

5.轰然,就是固体物质在火源点燃后出现的剧烈的轰然现象,比如被点燃的鞭炮,或者爆炸的粉尘等。

6.异相燃烧,可燃物与氧化剂处在固体和气体两种不同状态下的燃烧现象;而同相燃烧是可燃物和氧化剂处在相同的固态或者气态进行的燃烧现象。

液体燃料燃烧

当我们一听到液体燃料燃烧第一就会想起的柴油、汽油等等,可是最常见的是液雾、预蒸发和液膜燃烧 3 种方式。

在现实中我们经常看到的液体燃料的燃烧是通过喷嘴雾化之后,就会形成液滴,就会液雾燃烧,一般情况下是在各种燃烧室与炉子中经常用到。

液体燃料先汽化成气态之后,然后再燃烧,这种情况称为预蒸发燃烧,在喷灯、汽油机与蒸发管型燃烧室等,经常用到这些。

在一些柴油机中,为了使蒸发汽化得到促进,会把油喷到燃烧室的壁上,形成液膜燃烧。

玻璃棒的特性及作用

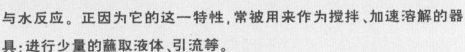

玻璃棒在化学实验中经常被用到的原因就是它的化学性质非常不活泼，不与酸反应、也不与水反应。正因为它的这一特性，常被用来作为搅拌、加速溶解的器具；进行少量的蘸取液体、引流等。

玻璃棒来点燃冰块，听起来是不是感觉在吹牛，那么请跟阿乐来一起做个小实验了，揭开这个不用火柴和打火机，只要用玻璃棒轻轻一点，冰块就立刻地燃烧起来的秘密吧！

第一步：准备小碟子、1～2小粒高锰酸钾、几滴浓硫酸、玻璃棒、冰块、电石等。

第二步：把准备好的小粒高锰酸钾，倒在一个小碟子上。

第三步：研成粉末。

第四步：再往上面滴上几滴浓硫酸。

第五步：然后再用玻璃棒把它给搅拌均匀。

第六步：此时玻璃棒上面就沾有这种混合物。也可以说它是一个小火把。

第七步：在冰块上事先放上一小块电石，用这个玻璃棒去点燃冰块（或者是点燃酒精灯）。

第八步：拿起玻璃棒往冰块上轻轻地去接触的话，此时的冰块就会突然燃烧起来了。

是不是觉得很好玩呀！那就让阿乐告诉大家冰为什么会被点燃。冰块上边的电石也叫做碳酸钙，与冰块表面的水发生了化学反应，并生成了可燃性的电石气也叫做乙炔气体；所以在浓硫酸和高锰酸钾这些强氧化剂的氧化下立刻就燃烧起来了。

粉笔爆炸

粉笔爆炸小实验

第一步:准备蒸发皿、角匙酒精、红磷与氯酸钾的细粉、几支粉笔头,乙醇和水、小刀等。

第二步:把没有水的酒精倒进蒸发皿里面一些。

第三步:然后按质量比是2:7来取一少部分红磷和氯酸钾的细粉,按照顺序加到里面。最好是在酒精中浸没了。

第四步:拿起角匙,伸到酒精里面,然后去搅氯酸钾和红磷,拌和均匀为止。

第五步:拿出几支粉笔头,用小刀在粗的一头挖一个像锥形一样的孔穴。

第六步:再用角匙向孔穴里面装一些氯酸钾和红磷,还有乙醇的混合物。

第七步:如果装满了以后,拿起粉笔灰按在上面。从外观上看的话,是和粉笔是一样的。

第八步:然后放在阴凉的地方,目的是让乙醇与水自然地挥发掉。

第九步:几小时之后就变干燥了。再取出这个粉笔头。

第十步:让装有红磷和氯酸钾混合物的一头朝下。

第十一步:此时我们要用力地摔,最好向坚硬的地面或者是结实的墙壁上摔。

第十二步:在这个时候,会出现光与声音,还有白烟等,形成了爆炸。

粉笔爆炸的原理

强氧化剂的氯酸钾和强还原剂的红磷在混合之后,在撞击的时候获得足够的能量,会发生强烈的化学反应,单位体积内,这些能量不能够迅速地扩散出去,就会产生爆炸。

雪球燃烧试验

第一步:准备 20 毫升的水、7 克醋酸钙、95%的酒精 100 毫升。

第二步:把 20 毫升的水和 7 克的醋酸钙混合。

第三步:把混合后的溶液加入酒精中,并用玻璃棒慢慢地搅拌,这时你会看到像雪一样的晶体被析了出来。

第四步:拿这些晶体就可以做出来看似雪一样的雪球了。

第五步:这时候就可以把它点燃了。

原理就是在醋酸钙溶到酒精中时所析出的像白雪一样的醋酸钙晶体是可燃物,所以被点燃就不足为奇了。

不用电的电灯泡

告诉你一种不用电的灯泡,照样可以照明的。信不信?下面就跟着阿乐一起来打开这个秘密吧!

魔棒来点灯

第一步:准备高锰酸钾晶体、表面皿(或玻璃片)、浓硫酸、玻璃棒、酒精灯。

第二步:把准备好的高锰酸钾晶体取出来一点,然后放在表面皿(或玻璃片)的上面。

第三步:在高锰酸钾的上面轻轻地滴上两三滴浓硫酸。

第四步:然后用玻璃棒轻轻地蘸取之后,再与酒精灯的灯芯接触,此时,酒精灯马上就会被点着了。

魔棒电灯的工作原理

浓硫酸在和水接触的时候会释放出大量的热量,而高锰酸钾又是比较活泼的化合物,在遇到大量的热时会分解并释放出大量的氧气。此时有了浓硫酸提供的热量和高锰酸钾提供的氧气,再加上酒精(乙醇)这种易挥发并且易点燃的物质,所用的燃烧条件都满足了,所以燃烧便开始了。

第四章
氧气

水中有氧气吗？

　　小朋友,你们知道怎么去证明水中有氧气吗? 也许我们会突然间想到鱼儿,它自由地游动在水中。下面就跟随着阿乐来做个小实验,看看水中是不是有氧气的。

小实验

第一步:准备水、鱼、小鱼缸。

第二步:我们把鱼轻轻地放在水里。

第三步:鱼在水里游动,水里面就会冒出气泡泡。

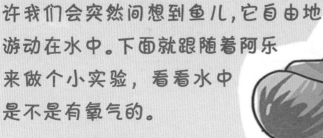

从这些我们可以看出来,水里是有氧气的。鱼儿和人是一样,都需要氧气,才能生存下来。

大自然是很奇妙的,人是用肺来呼吸,然而鱼是用鳃进行呼吸的。空气与水中都有氧气,人的肺会把空气中的氧气给分离出来,但是人在水中的话,是没有办法吸取水中的氧气。这就是人为什么选择了在陆地上生活的原因了。

你知道氧气是怎么被发现的呢？

　　有一位名字叫拉瓦锡的人，在 1772 年的时候，把他对于燃烧现象的研究，寄到了法国科学院。看来他早就知道了这些化学现象，也就是磷会在空气中燃烧，还会冒出浓烟，这烟是白颜色的。

　　1774 年 10 月，拉瓦锡做了一个小实验，这个小实验是得到了普利斯特里与舍勒的启发，所以又被人们叫做是"二十天实验"。在实验的时候，他不断努力，反复做实验，就在实验做到第十二天的时候，红色的渣滓不是很多了。等到实验快结束的时候，空气在钟罩的里面的体积渐渐地减少了 1/5。

　　此时，他把红色的渣滓收集起来了，再用高温进行加热。最后又释放出来了新的气体。

那些剩下的气体,是没有什么用途的,原因是它既不能燃烧,更不能提供呼吸。所以拉瓦锡做出了决定,就把那些占空气总体积的1/5气体称为是"氧气"(也就是普利斯特里的那些"失燃素空气"、舍勒的"火空气")。

你知道空气的组成吗?

　　空气是指地球大气层中的气体混合。它是主要由 78% 的氮气、21% 的氧气,还有 0.94% 的稀有气体、0.03% 其他气体杂质和 0.03% 二氧化碳组成的混合物。空气的成分不是固定的,随着高度的改变、气压的改变,空气的组成比例也会改变。但是长期以来人们一直认为空气是一种单一的物质,直到后来法国科学家拉瓦锡通过实验首先得出了空气是由氧气和氮气组成的结论。

　　19 世纪末,科学家们又通过大量的实验发现,空气里还有氦、氩、氙等稀有气体。在自然状态下,空气是无味的。

什么是氧气？

1升

我们知道人和动物离开了氧气就无法生存,那么,什么是氧气呢?

氧气是没有颜色、没有味道的,氧气是属于空气的组分之一。氧气密度与空气的密度相比的话,它比空气大。

在0℃和大气压强101325帕的情况下,它的密度为1.429克／升,是可以溶在水中,而且它的溶解度是非常的小,1升水中大约可以溶进氧气30毫升。在压强是101千帕的时候,假如氧气大约是在180℃的时候,它的颜色就变成了淡蓝色液体;假如在大约是218℃的时候,它就会变成像雪花一样的形状,正好是淡蓝色的固体。

你知道氧气的分布吗?

在地球的空气之中,氧气所含的体积大约是20.947%的,它是以单独的形成存在的。

臭氧

　　臭氧,同样对人类有着不可替代的巨大作用。臭氧的形成非常的奇怪,氧气在大气层中活动形成强大的能量以后就分解成一个个的氧原子,而这些原子和氧气结合就形成三个原子的臭氧了。与其说它们是奇偶兄弟,不如说它们是母子更恰当。

臭氧是一种淡蓝色气体,微溶于水,易溶于四氯化碳或碳氟化合物,形成了一个蓝色的状态。在 −112 ℃凝结成深蓝色的液体,这是危险的,因为气态和液态的臭氧容易发生爆炸。温度低于 −193℃,臭氧会形成紫黑色固体。

臭氧的分子式为 O_3,而氧气的分子式为 O_2,它们为同素异形体。大气中约有 90%的臭氧存在于离地面 15~50 千米之间的区域,也就是平流层。在平流层的较低层,即离地面 20~30 千米处,为臭氧浓度最高之区域,是臭氧层;臭氧层具有吸收太阳光中大部分的紫外线,以屏蔽地球表面生物不受紫外线侵害之功能。

小诗歌，大讲解

实验先查气密性，受热均匀试管倾。收集常用排水法，先撤导管后移灯。

解释：

1.实验先查气密性，受热均匀试管倾："试管倾"的意思是说，安装大试管时，应使试管略微倾斜，即要使试管口低于试管底，这样可以防止加热时药品所含有的少量水分变成水蒸气到管口处冷凝成水滴而倒流，致使试管破裂。"受热均匀"的意思是说加热试管时必须使试管均匀受热。

2.收集常用排水法：意思是说收集氧气时要用排水集气法收集。

3.先撤导管后移灯：意思是说在停止制氧气时，务必先把导气管从水槽中撤出，然后再移去酒精灯（如果先撤去酒精灯，则因试管内温度降低，气压减小，水就会沿导管吸到热的试管里，致使试管因急剧冷却而破裂）。

工业制氧的方法是什么呢？

工业上制造氧气的方法是把液态的空气进行分离。再根据氮气与氧气的沸点不同，采用低温分馏的方法，就可以制造很多的氧气了。

核潜艇中的氧气制作方法

因为核潜艇的空间有限，为了减少空间的占用而用了其他的制氧措施。在核潜艇中是用过氧化钠作为主原料，当人们呼出二氧化碳的时候，这些二氧化碳就会和过氧化钠进行反应生成碳酸钠和氧气。这样一来氧气和人们呼出的二氧化碳就有一个很好的循环，并且此反应是在常温下进行的，优点十分明显。

氧气的物理性质是什么?

1.在标准的情况下,氧气是没有颜色,没有气味的气体。

2.氧气的熔点就是 -218.4℃,氧气的沸点是 -182.9℃。

3.氧气的水溶性是:在标准的情况下,氧气是不会轻易地溶在水中,在 1 毫升的水中的时候,大约可以溶解的氧气是 30 毫升。

4.氧气的密度:在气体的情况下,氧气的密度是 1.429 克／升,;在液体的情况下,氧气的密度是 1.419 克／升;在固体的情况下,氧气的密度是 1.426 克／升。

5.氧气适合储存的地方就是天蓝色钢瓶的里面。

危险的氧气

氧气对于我们人类来说,有许许多多的好处,但是被聚集在一块的氧气一个不慎就会成为我们致命的威胁。氧气是燃烧的助燃剂,而高浓度的氧气会使得火焰的燃烧速度和蔓延速度加剧;而氧化剂在(或)接近的时候就会出现爆炸并引起火灾。虽然氧气不是燃料,在保存的时候一不小心就会引起大火。而当年的阿波罗1号就是因为太空舱内有大量的高浓度的氧而造成了火灾,短短的17秒三位宇航员就因此丧生。

氧气的化学性质

如果氧气和金属反应的话会是什么情况呢？

1.在氧气跟金属反应的时候：锰与氧气反应,就会出现很强烈的燃烧情况,它所发出的光是非常的刺眼,它还会放出很多的热,形成了固体,颜色是白色的。

铁与氧气反应,又红又热的铁丝燃烧起来非常的强烈,火星射向四面八方,而且还放出了很多的热,此时它就变成了固体,颜色是黑色的。

铜与氧气反应,铜丝经过加热之后,颜色是通红透亮的,在铜丝的表面就会出现一层黑色物质。

2.氧气跟非金属反应的时候：碳与氧气反应和锰与氧气反应燃烧是非常的强烈,它会放出大量的热,它所放出的光的颜色是白色的。在放出热量的时候,石灰水悄悄地变浑浊。

硫与氧气反应,它的火焰光亮如新,火焰颜色是蓝紫色的,它所放出的热量,就会生成气体,而且气体的味道是非常的刺鼻的。

磷与氧气反应,会出现强烈的燃烧,所发出的光是非常的明亮,它所放出的热量就会成一股烟,烟的颜色是白色的。

3.氧气与一些有机物进行反应:甲烷与乙炔,还有酒精、石蜡等,把它们在氧气中燃烧之后,就会生成水与二氧化碳。

如果把木炭在氧气中燃烧的话,它会放出很多的热量,还会发出白色的光。

不同的碳氧反应

同样的物质在不同的条件下也会出现不同的反应,而碳就是一个很好的例子。

碳在充足的氧气中燃烧就会生成二氧化碳,而在缺氧的条件下就会生成一氧化碳。这也是为什么人们晚上睡觉时不能把蜂窝煤放在屋子里的原因。因为煤的主要成分是碳,房间的通风不畅,不完全燃烧的煤会生成一氧化碳,就使人出现煤气中毒,危害人们的身体健康。

缺氧

看来氧气是非常重要的，如果人在缺氧的时候，会是什么样子的呢？

如果人们缺氧了，就会全身无力、瞌睡，出现症状就是打哈欠，手脚没有温度，这些是轻度的缺氧症状。假如在大商场或者是地下设施内，如果感觉是胸闷、呼吸困难、气喘等，这也是缺氧的表现。

那么中度缺氧是什么表现呢？如果我们爬到两层楼的时候，就出现了胸闷、呼吸困难；平常喘气加快、口臭、便秘、胃酸过多、皮肤缺少水分，睡不好、爱做梦又很容易醒来、精力不是很集中，面色苍白等等，还容易出虚汗、血压、血脂，还有血糖偏高，容易感冒，抵抗力差等。这些症状就是中度缺氧的表现症状了。

什么是身体外面缺氧呢？

也就是人在氧气非常少的地方，比如是阴天气压低，还有在高原地区缺氧，被污染的地方也是缺氧的，还有写字楼与商场、地下室等，在这样的情况下都会造成身体外面缺氧了。

什么是身体里面缺氧呢？

就是指的是人的身体里面缺少氧气,一些老年病、工作压力大等原因也会造成缺氧,比如是呼吸系统疾病(气管炎与哮喘);血液循环非常不好的情况,各种心脏疾病与脑供血不足,还有脑梗、静脉曲张等。如果人们经常缺氧的话,就会身体虚弱,容易引起中风等这些意外。

怎么防止和减少缺氧

1.因为大脑的主要成分是水,占 80%。脑虽只占人体体重的 2%,但耗氧量达全身耗氧量的 25%,血流量占心脏输出血量的 15%,一天内流经脑的血液为 2000 升。脑消耗的能量若用电功率表示大约相当于 25w。再来说水,水中本来就含有少量的氧气,再加上水的组成元素之一就是氧原子,所以在缺氧的时候一杯白开水,可以使人的缺氧状态得到缓解。在工作和学习的时候不妨多喝水。

2. 屋子里摆放植物,因为植物的光合作用可以消耗掉屋子里的二氧化碳和制造新鲜的氧气,使得人们神清气爽;但是在晚上的时候一定要把植物搬出屋内,因为晚间植物没有光的作用,光合作用停止,就开始和人们争夺屋子里的氧气并释放出二氧化碳。

氧气都有什么用途呢？

氧气与心脏之间有着亲密的关系，氧气是人们进行新陈代谢的最主要的物质，呼吸的氧经过转化之后，就变成了人的身体里所需要的氧，就是血氧。血液带着血氧在全身流动，给人的身体带来了能源，如果人的心脏泵血能力很强的话，此时血氧的含量一定很高的。

氧气使用在冶炼工艺中，如在炼钢的时候，把高纯度氧气吹进去，氧与碳及磷、硫、硅等发生了氧化反应之后，钢的含碳量随之也会降低，在这样的情况下就方便清除磷、硫、硅等杂质。

特别是在冶炼有色金属的时候，如果采用富氧的话，冶炼时间就会减短，同时，它的产量也会提高的。

在医疗保健方面,也离不开氧气,如在缺氧与低氧,或者是无氧的环境.比如是潜水、登山、高空飞行的时候,还有宇宙航行的时候,特别是用在医疗抢救方面等等。

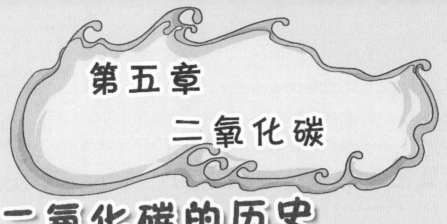

第五章

二氧化碳

二氧化碳的历史

阿乐对这神秘的气体很感兴趣：它是什么情况下出现的？又是什么时候被人们所熟知的？这得从一个化学家开始说起。

在17世纪的时候，法兰德斯的一位化学家海尔蒙特，他发现了木炭原来可以在密封容器里面进行燃烧，最后剩下的气体的密度就比原来的气体增加了。

苏格兰的一位物理学家叫约瑟夫·布莱克，他把石灰石经过加热，再加入酸之后，就会产生一种气体，他把这种气体起名为固定空气。

最先描述二氧化碳的科学家是查尔斯，他在 1834 年的时候用了压力容器，成功地制成了液态的二氧化碳。他发现冷却之后，所产生的快速蒸发的液体，就会变成雪，也就是所谓的固体二氧化碳。

二氧化碳都由什么组成的？

原来二氧化碳是由一个碳原子，还有两个氧原子相互结合之后形成的。

二氧化碳在正常的温度下，是属于没有颜色没有味道的气体。它的密度比空气的密度大，可以溶进水里。而且它还能生成碳酸，它是没有毒性的，可是它是不能供给动物呼吸的，像它这样的气体是属于一种窒息性气体。一般情况下，它在空气中的含量是 0.03%（体积），假如它的含量达到 10% 的时候，那么人的呼吸就会马上的停止，甚至死亡。

虽然二氧化碳对人类本身来说是致命的，但是对于植物来说就是天然的养料，只要有光的出现，二氧化碳就成为了它们的养料，而伴随着植物对二氧化碳的消耗，对人类有益的氧气就产生了，正因为二氧化碳的出现使这个生物圈更加的平衡和稳固。

二氧化碳的化学性质

二氧化碳不像氧气那样会给人提供呼吸,它自身是不会燃烧的,也对燃烧不支持。

二氧化碳与水反应

二氧化碳可以溶在水中,假如它与水发生反应之后,就会有碳酸的生成,就会让紫色石蕊试液很快地变成了红色。

自制汽水
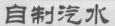

夏天到了,小朋友都爱喝汽水。今天,阿乐带大家学做汽水,今后,就能喝上干净卫生的、适合自己口味的汽水了。

第一步:准备一个洗干净的汽水瓶、冷开水、白糖、果精(根据个人口味)、碳酸氢钠、柠檬酸。

第二步:把冷开水装入瓶子,占整个瓶子的五分之四左右即可,然后加入糖、果精、碳酸氢钠(2克),进行搅拌。

第三步:迅速加入柠檬酸(2克),拧紧盖子,轻轻地晃一下,放入冰箱。

第四步:打开瓶子即可饮用。

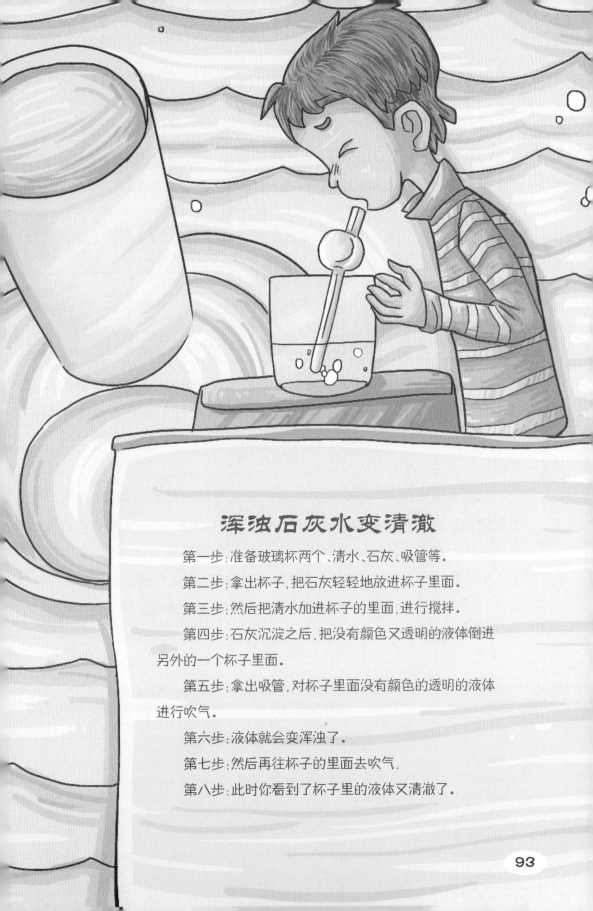

浑浊石灰水变清澈

第一步:准备玻璃杯两个、清水、石灰、吸管等。

第二步:拿出杯子,把石灰轻轻地放进杯子里面。

第三步:然后把清水加进杯子的里面,进行搅拌。

第四步:石灰沉淀之后,把没有颜色又透明的液体倒进另外的一个杯子里面。

第五步:拿出吸管,对杯子里面没有颜色的透明的液体进行吹气。

第六步:液体就会变浑浊了。

第七步:然后再往杯子的里面去吹气,

第八步:此时你看到了杯子里的液体又清澈了。

下面我们来分析一下，杯子里面装的是石灰水，当我们拿着吸管往里面吹气的时候，正好呼出的是二氧化碳，此时就会发生化学反应，就会形成碳酸钙。

因为碳酸钙是很小的颗粒，不会快速地沉淀，反而是悬浮在水中，此时我们看到水的颜色是乳白色的。假如我们再往杯子的里面去吹二氧化碳气体，那么碳酸钙与它反应之后，就会形成碳酸氢钙，碳酸氢钙会悄悄地溶解在水中，后来杯子里面的液体就是这样变清的。

为什么在新盖的房子里点火

以前在农村生活中经常会看到这样的现象，一个新盖好的房子在粉刷后，有经验的师傅就会在屋子里点燃柴火，然后就会发现墙面出现许许多多的小水珠，停不了几天墙面就非常坚固了，接着就可以做其他的装修工程了。

原因其实很简单，新建的房子里边用来粉刷的是熟石灰，而在屋子里烧柴火会生成大量的二氧化碳，这样的话大量的二氧化碳和熟石灰产生化学反应生成碳酸钙和水，而水珠的出现就是这个原因了，而生火的热气也可以使水分蒸发。形成的碳酸钙就是我们想要的最终结果，如果不在房子中生火，等着用空气中的二氧化碳进行反应太慢了。

二氧化碳的用途

二氧化碳是不会燃烧的,更不会帮助燃烧,再加上它的质量比空气略大,所以常常被用来作为灭火的好材料。

二氧化碳可以人工降雨

如果遇到天旱的时候,需要人工降雨了,高空中的飞机,就会喷撒出干冰——二氧化碳的固体形式。让空气中的水蒸气慢慢地凝结之后,就形成了人工降雨。

制冷剂

固体的二氧化碳(干冰)在融化的过程中就变成了气体,在融化的时候,会有大量的热量被吸收,让周围的温度降低了。从这些来看,干冰可以用来做致冷剂。

工业原料

二氧化碳也是很重要的工业原料，利用二氧化碳来生产纯碱与小苏打，还有尿素、碳颜料铅白等。如果把二氧化碳用在轻工业方面，用高压把很多二氧化碳溶去的话，是可以用来生产碳酸饮料与啤酒，还能生产我们爱喝的汽水等。

贮藏食品

用二氧化碳贮藏的食品由于缺氧和二氧化碳本身的抑制作用，可有效地防止食品中细菌、霉菌、虫子生长，避免变质和有害健康的过氧化物产生，并能保鲜和维持食品原有的风味和营养成分。

二氧化碳的药学作用

从它的药理来说的话，二氧化碳在低浓度的时候，属于兴奋药。假如在空气中它的含量超过正常时，可以使人的呼吸加速得很快。含1%的时候，会让人的正常人呼吸量突然地增加到25%；含量是3%的时候，人的呼吸量就会随着增加2倍。假如含量是25%的时候，就会让呼吸中枢麻痹，此时就出现酸中毒。

二氧化碳灭火器

小朋友,对于灭火器我们一定不陌生,阿乐的家里就有一个。因为在发生火灾的时候,是离不开灭火器的,它在我们的生活中起着很大的作用。

我们先来说一下二氧化碳的密度,它的密度大约是空气的 1.5 倍,看来它的密度是很高,很容易气化的是液态的二氧化碳,一般的情况下,1 千克的液态二氧化碳会产生大约 0.5 立方米气体。所以在灭火的时候,二氧化碳气体就会马上把空气给排除掉,然后把燃烧物体的表面给包围起来,把防护空间里面的氧的浓度降低,或者是可燃物的周围的氧的浓度降低就起到灭火的作用了。

当储存容器里面喷出二氧化碳的时候,液体就会很快汽化,就变成了气体,然后从四周吸收一部分热量,这样就起到了冷却的作用。

自制灭火器

第一步:准备一个大可乐瓶子、一个单孔的橡胶塞、试管、碳酸氢钠溶液以及浓盐酸等。

第二步:把玻璃管插入橡胶塞,并把碳酸氢钠溶液倒入大可乐瓶中。

第三步:找一个能装入可乐瓶的试管,并装入浓盐酸,放入大可乐瓶中。

第四步:把塞有玻璃管的塞子塞进可乐瓶,直立放好。

第五步:点燃可燃物,拿着瓶子倒立,让瓶口对准着火的地方,里边生成大量的二氧化碳气体就会被喷出,起到灭火的效果了。记好在操作的时候瓶口千万不要对着自己和他人!

二氧化碳灭火器主要用在哪方面?

在扑救贵重的设备时需要二氧化碳灭火器，如用在档案资料方面、仪器仪表方面,也可用在电气设备为 600 伏以下,还有油类刚开始发生火灾的时候,都能用上二氧化碳灭火器。

如何使用二氧化碳灭火器?

1.第一步是先把灭火器快速提到起火的地方,在放下灭火器之后,把保险销给拔出来。

2. 伸手握住喇叭筒根部的手柄。

3.再用另外一只手握住启闭阀的压把。

4.假如遇到的是没有喷射软管的二氧化碳灭火器,我们就应该伸手去扳喇叭筒,方向是上面,往上扳到 70°~90° 为好。

5.在用的时候,喇叭筒外壁,或者是金属连接管等,是不可以用手直接去抓住的。以免手冻伤。如果是在室外使用二氧化碳灭火器,最好选择上风方向进行喷射。如果是在室内很小的地方使用灭火器的话,灭完火之后,要马上离开,以预防窒息的情况发生。

会跳舞的鸡蛋

第一步：准备一只大量筒、稀盐酸、一只鸡蛋。

第二步：把一部分稀盐酸轻轻倒进大量筒中。

第三步：把鸡蛋放进大量筒中。

第四步：鸡蛋就会沉到量筒的下面。

第五步：鸡蛋又悄悄地浮上来了，一直浮到液面上。

第六步：轻轻摇一下量筒的话，鸡蛋又悄悄地沉下去了。

第七步：我们就会看到鸡蛋在量筒里面开始"跳起舞"了。

　　它的舞姿不是很好看,但是"舞"动起来了,你是不是很想知道其中的原因,让阿乐来讲一讲。原来,鸡蛋在盐酸中会跳舞,最主要是与二氧化碳有着密切的关系,因为在鸡蛋壳中含有碳酸钙,碳酸钙和盐酸反应之后,就会生成二氧化碳,二氧化碳气泡被生成了之后,就会附在鸡蛋壳的表面上,随着鸡蛋体积的增大,同时鸡蛋的浮力也增大了,那么鸡蛋就会上浮。可是鸡蛋到了液体的表面之后,气泡就会在表面开始破灭了,体积也开始变小了,浮力也会跟着变小,所以鸡蛋就沉了下去。鸡蛋就是这样不停地下沉与上浮,像是在跳舞一样。

二氧化碳的危害

二氧化碳给人们带来的危害也很多，比如在大气中的二氧化碳含量如果增高到了某种程度的话，地球热量的散失就会受到阻止，地球上的气温就会快速地升高。

预防升温的方法都哪些？

现在我们也许会感觉到地球上的温度越来越高了，其中的原因是二氧化碳不断地增多，结果造成了温度的升高。

二氧化碳增多之余，海平面也跟着升高。在最近的100年，海平面随着也上升了14厘米。到21世纪中叶的时候，海平面会再上升25~140厘米。

海平面不断地上升着，温度高了，最惨的就是亚马孙雨林了，它会慢慢地消失，两极海洋的冰块也遭遇不幸，它将慢慢地融化掉了。野生动物也跟着遭殃了，它们将要面临着灭绝。

预防升温的方法是：开发新能源与石化燃料的应用减少，还有对植被进行保护，多植树造林等。

在什么情况下,二氧化碳会中毒呢?

在密封的矿井与油井,特别是船舱的底部、水道等,很严密的地窖和封闭的仓库中把水果、谷物储存在里面,会产生高浓度二氧化碳,还有二氧化碳灭火器的使用等。

二氧化碳急性中毒主要表现为哪些症状?

二氧化碳中毒的时候,人们会出现昏迷与反射消失,瞳孔放大或者是缩小,无法控制大小便,非常想呕吐等。在严重的情况下,会出现停止呼吸等。假如我们去了浓度很高的二氧化碳聚集的地方,马上要打开窗户通风排气,通风管的位置最好放在底层,或者是准备好呼吸器,借此来提供新鲜空气或氧气。

为什么进入长时间未开启的地窖要进行灯火实验

　　在我国的北方农村几乎每家每户都会挖一些地窖来储藏蔬菜。当寒冷的冬天过去后,会把地窖中的蔬菜搬运出来,在进去前都要做灯火实验。那是因为蔬菜在没有阳光的情况下会产生呼吸作用,也就是吸收氧气呼出二氧化碳,当点着的蜡烛被放入地窖后如果二氧化碳浓度高就会熄灭,人就不能进入,以防二氧化碳中毒;如果可以燃烧,说明氧气充足,可以进入。这下大家知道为什么了吧?

二氧化碳的兄弟

　　一氧化碳算是二氧化碳的兄弟了，而它的产生是因为营养不良造成的,在碳没有充足的氧气反应时就出现了一氧化碳。

　　一氧化碳是一种无色、无味的剧毒气体,比空气略轻,很难溶于水,所以大家的常识中为了防止煤气(一氧化碳)中毒,睡觉的时候在屋子里放一盆水,这样并不科学。

一氧化碳的中毒现象

因为一氧化碳无色无味的性质，使人在中毒的情况下不易察觉，它在被吸入人体后会与血红蛋白结合生成碳氧血红蛋白，碳氧血红蛋白不能提供氧气给身体组织。这种情况被称为血缺氧。

最常见的一氧化碳中毒症状，如头痛、恶心、呕吐、头晕、疲劳和虚弱的感觉。一旦发现一氧化碳中毒了，要立刻把人放到通风透气的地方，严重的应当立刻送到医院进行治疗。

冬天取暖时点的煤炉一定要装烟囱，不能直接对着火炉取暖。

第六章　氢气

氢气爆炸

你听说过氢气爆炸吗？是不是很想知道其中的原因，今天就让阿乐带大家一起来做个氢气燃烧爆炸的小实验！

氢气燃烧爆炸

第一步：准备矿泉水瓶子、氢气制取装置、玻璃片、石蜡、火柴、干燥烧杯等。

第二步：把矿泉水的瓶子盖子去掉。

第三步：在矿泉水瓶子的底部扎个小孔，再用石蜡封好。

第四步：把氢气通进去，把瓶子倒着放在平台的上面。

第五步：把玻璃片放在瓶口的下面，目的让它倾斜。是向无人的一个方向倾斜!

第六步：用火柴的火焰去靠近石蜡。

第七步：我们会看到石蜡受热之后，就会被熔化。

第八步：此时，氢气跑了出来，被点燃了。

第九步：再拿一个干燥的烧杯，小心翼翼地罩在火焰的上方。

第十步：在烧杯壁就会有水珠的生成。经过燃烧之后，我们就会

听到爆炸声,矿泉水瓶飞向没有人的地方,像火箭一样。

这是个有趣的小实验,你知道其中的原理吗?原理很简单,在开始的时候,蜡悄悄地被熔化掉了,氢气就从瓶子底部的小孔中逸出来了,开始燃烧了。从瓶子底部进入空气的同时,氢气的纯度就会下降,燃烧的时候就会出现了爆炸一样的声音,燃烧到了一定的时候,氢气也就开始爆炸了,气体在里面冲向外面,因为矿泉水瓶放的有点倾斜,矿泉水瓶就会向倾斜的方向飞去。

氢气的发现

　　但直到 1766 年，氢才被英国科学家亨利·卡文迪许确定为化学元素，当时称为可燃空气，并证明它在空气中与氧气燃烧生成水。因此氢气被认为是最理想的燃料，放热量多，无污染。1787（一说 1783 年）年法国化学家拉瓦锡证明氢是一种单质并给它命名。

　　早在 16 世纪的时候，瑞士的著名医生帕拉塞斯告诉人们铁屑和酸接触的时候，就会产生一种气体。

　　在 17 世纪的时候，比利时著名的医疗化学派学者海尔蒙特，也对这种气体接触过，可是放弃了，没有收集起来。

卡文迪许制取氢气

能把氢气收集起来的还应该说是卡文迪许。

1766 年卡文迪许在《人造空气实验》的研究报告中告诉我们,用铁与锌等,在稀硫酸、稀盐酸的作用下,制造出来了很容易燃烧的气体就是氢气。

卡文迪许开始用普利斯特里发明的排水集气的方法,把它悄悄地收集起来了,作为研究项目。结果是有着一定量的某种金属,在与很多量的各种酸的作用,会产生固定的气体,它与酸的种类和浓度都没有任何的关系。

　　卡文迪许发现氢气和空气混合了之后，在点燃的情况下就会发生爆炸。他还发现了氢气和氧气化合之后，就会生成水，感觉这种气体和其他气体是不一样的。

　　卡文迪许研究了气球在空气中所受浮力，结果证明氢气原来是有重量的，但是氢气的重量比空气轻很多。

你知道氢气名称由来吗？

　　所谓氢气就是产生水的物质，用希腊语是 hydro(水)＋genes(造成)，表达的就是这样的意思。

　　在汉语中，以前称它为"轻气"，后来又把它的名字改成了形声字"氢"。

你知道氢气都分布在哪儿吗？

在大自然中，氢气的分布很广，在地球上与地球大气中，存在很少的游离状态的氢。假如以重量来计算的话，氢只占总重量的1%；假如按照原子百分数来计算的话，只占了17%。氢的"仓库"可以说是水了，假如以重量百分比来计算的话，在水中就会含有11%的氢。

氢在泥土中大约含有1.5%。在石油与天然气，还有动植物中等，都含有氢。

　　氢气在空气中的含量不是很多,大约占总体积的两百万分之一。可是在整个宇宙中按原子百分数来说的话,氢算是元素中最多的。氢原子的数目比其他所有元素原子的总和,大约多出 100 倍。经过研究,氢在太阳系的大气中,如果按照原子百分数来计算的话,氢占有 93%。

氢气

　　氢气在工业上占据着很重要的位置,它是没有颜色也没有味道的,它很容易燃烧。

　　氢气的体积在空气中的含量是 4%～74% 的时候,就会变成了混合气体,很容易发生爆炸的。

　　液态氢是透明的液体。氢是很轻的物质,氢气能和氧与碳,还有氮分别结合成水、碳氢化合物、氨等。氢气在天然气田与煤田,还有有机物发酵的时候,含量是很少的。

氢气在催化剂的作用下,和有机物之间的反应,就是加氢,在工业方面是属于很重要的反应过程。

化工重要原料合成气

所谓合成气就是氢气与一氧化碳的混合而成的气体,合成气是属于重要的化工原料。

氢的同位素

氢在自然界中有三位好朋友,也就是天然的同位素氕、氘、氚,氢也是唯一的其同位素有不同的名称的元素。

小实验：氢气肥皂泡

小朋友最喜欢吹肥皂泡，怎样吹出可以往天上飞的氢气肥皂泡？今天阿乐和大家就来做个氢气肥皂泡这样的小实验。（为了安全，小实验应该有老师陪伴着。因为氢气容易燃烧和爆炸。）

　　第一步：准备一块生石灰，重量大约是 5 克，再准备一块和生石灰重量差不多的石碱、一大碗水、木筷子、瓷汤勺、松香末、白砂糖、盐水瓶、碎香皂等。

　　第二步：把石灰与石碱一起投进一大碗水里(约 300 毫升)。

　　第三步：拿起木筷子进行搅和。

　　第四步：等一会儿之后，再用瓷汤勺舀起上层被澄清的水溶液，然后再灌进盐水瓶里面去。(用塑料漏斗最好了，注意，这种溶液有一定的腐蚀性，如果沾在皮肤上或家具上，应马上冲洗干净。)

　　第五步：把碎香皂轻轻地放进热水的里面，进行融化。

与此同时,再往里面加一些松香细末与砂糖,这样皂液吹出肥皂泡不会破的那么快。

这些材料都准备好了,下面开始做五颜六色的肥皂泡小实验了。

第一步:准备材料是碎铝片(铝片也可用易拉罐的皮,用砂纸打磨掉涂层,剪成碎屑;要不就是去剪几小段铝芯电线之后,把芯线抽出来,再使用)、盐水瓶

第二步:把准备好的碎铝片轻轻地放进盐水瓶里去。

第三步:再把橡皮塞给塞紧。

第四步:铝片与上面说的溶液就会发生化学反应,就能产生氢气。

第五步:假如是在冷天的时候,可以把盐水瓶放在 60~70℃ 的热水盆里(但是不能用水去加热),在细橡皮管的里面就会有氢气悄悄地冒出来。

第六步:用橡皮管去蘸浓肥皂液,可以吹出五颜六色的肥皂泡。

同样身材的元素

　　氦气,和氢气比起来具有相似的物理性质,也就是同样的身材。在标准的大气压,零摄氏度下,氢气的密度为 0.0899 克／升,而氦气的密度为 0.1786 克／升,都比空气 1.293 克／升要轻,所以它们在空气中会受到浮力的作用上升。

　　氢气在常温下性质比较稳定, 在点燃或加热的条件下和许多的物质都发生化学反应,而反应剧烈的可能引起爆炸;反观氦气,极其不活泼,不能燃烧也不助燃,一般情况下和任何物质都不会发生反应,更不会生成化合物,所以在气球、航天器以及飞天广告中经常被用到。但是因为氦气很难从自然界中提取, 只能通过化学实验的方法得到, 造价高,不法商贩常用氢气代替而经常爆炸。所以在为小孩子买气球的时候一定要买氦气的。

氢气的主要性能

　　氢是可以燃烧的,纯氢的燃烧温度是400℃。假如纯氢气在带尖嘴的导管口燃烧的时候,火焰的颜色是淡蓝色的;火焰上方罩有一个又冷又干燥的烧杯(氢气在玻璃导管口燃烧的时候,火焰一般是黄颜色的),我们仔细看看烧杯的上面,就会发现很多的水珠在杯壁上,此时烧杯是发烫的。

利用排水的方法来收集试管的氢气

第一步：先用拇指堵住试管，然后把它接近火焰，再松开拇指之后，就可以点火。如果在这个时候，听到了爆鸣声的话，告诉我们一个答案，证明氢气不是很纯的，现在必须再收集了。

第二步：需要再收集氢气，必须继续做实验了，假如这个时候，听到的声音很小的话，说明此时收集的氢气是很纯净的。

第三步：假如我们用的是向下排空气的办法收集氢气的话，要想检验氢气的纯度，我们先用拇指轻轻堵住试管的口，一会工夫，看看有没有听到"噗"的声音，一直等到试验出很纯的氢气为止。不纯的氢气就不要收集，不然会发生危险。

第四步：试管里面的纯度刚检查完的时候，氢气的火焰也许还没有熄灭，假如马上就用这个试管对氢气收集的话，氢气的火焰，可能就会把发生器里面混有空气的氢气给点燃了，此时就容易引起氢气发生器爆炸。

第五步：再用拇指轻轻地去堵住试管口，一会工夫之后，试管的里面没有熄灭的氢气火焰，在缺氧的情况下，自然就会熄灭。

氢气的燃烧性质是很强的，所以它可以应用在航天与焊接，还有军事等方面。从还原性质来说的话，在冶炼某些金属材料上会得到应用。

氢在工业上的用途也很广

最开始的时候，氢气是用来制作氢气球与氢气飞艇。可是后来，氢气可以制成氨。在石油炼制与石油化工的各种工艺过程中也起着很大的作用。比如是加氢裂化与催化加氢，还有加氢精制与加氢脱硫等。

氢气还可以生产甲醇。在动植物油脂的硬化方面也用得上氢气。比如人造奶油与脆化奶油，还有润滑脂的制造等。

氢气传感器

　　氢有还原性,氢和氧在燃烧的时候,会产生 2600℃的高温,来熔融与切割金属。比如利用液氢形成超低温,来制造超导体,对发电机的低温可以进行冷却。

　　氢的等离子流能有高温的产生。氢和氧燃烧之后,会放出很多的热,它所生成的物质就是水,从这些我们得知,氢是没有污染的燃料。